MY FIRST STORY BOOK

合育文化 编

Let's 诞生日 Celebrate

WELCOME

PHOTO HERE

出生档案

宝宝名字

____

出生时间

______ 年 _____ 月 _____ 日 _____ 点 _____ 分

出生地点

____

身高 ______ cm　体重 ______ kg　头围 _______ cm

胸围 ______ cm　属相 _______　血型 ________　星座 ________

出生方式：顺产 □　剖腹产 □　水中分娩 □

PHOTO HERE
全家福
My hand footprints
宝宝手印
宝宝脚印

A Letter For You

写给给宝宝的第一封信

Family Tree

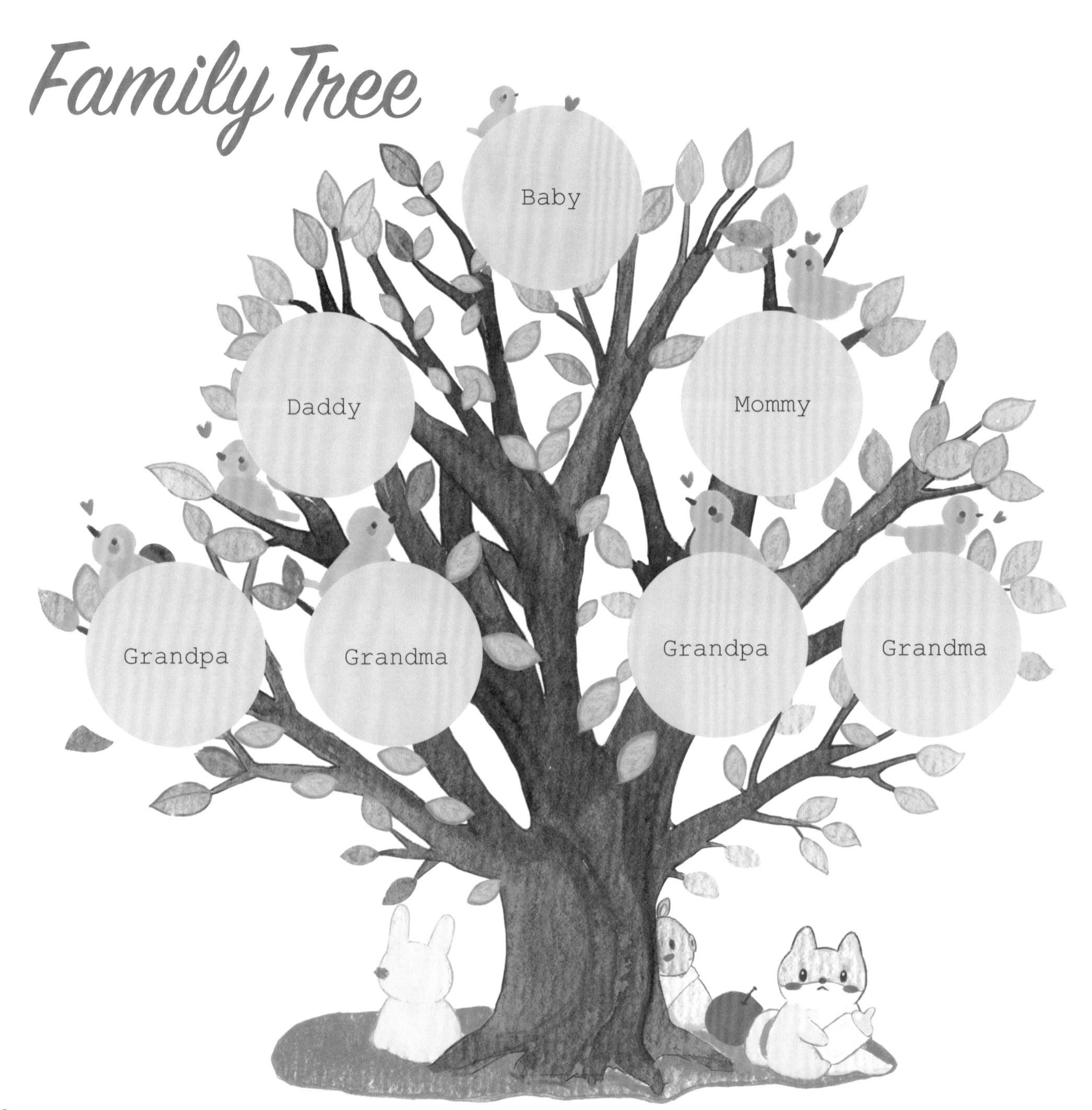

家族歌

爸爸的爸爸叫什么？　爸爸的爸爸叫爷爷。
爸爸的妈妈叫什么？　爸爸的妈妈叫奶奶。
爸爸的哥哥叫什么？　爸爸的哥哥叫伯伯。
爸爸的弟弟叫什么？　爸爸的弟弟叫叔叔。
爸爸的姐妹叫什么？　爸爸的姐妹叫姑姑。
妈妈的爸爸叫什么？　妈妈的爸爸叫外公。
妈妈的妈妈叫什么？　妈妈的妈妈叫外婆。
妈妈的兄弟叫什么？　妈妈的兄弟叫舅舅。
妈妈的姐妹叫什么？　妈妈的姐妹叫阿姨。
爸爸的爸爸叫爷爷。　爸爸的妈妈叫奶奶。
爸爸的哥哥叫伯伯。　爸爸的弟弟叫叔叔。
爸爸的姐妹叫姑姑。　妈妈的爸爸叫外公。
妈妈的妈妈叫外婆。　妈妈的兄弟叫舅舅。
妈妈的姐妹叫阿姨。

Memory

记录开始时间 ______ 年 ____ 月 ____ 日

One Mouth Old

PHOTO HERE

第1个月第1周

____月___日~____月___日

成长情报：*Intelligence*

身长：______cm / 体重：______kg / 头围：______cm / 胸围：______cm

喂养资讯：*Baby Care*

睡眠：日间______小时，间隔______小时 / 夜间______小时，间隔______小时

睡眠情况：良好 □ 不安稳 □ 哭闹 □

母乳：日间______次，夜间_____次

奶瓶：日间_____次，每次_____CC / 夜间_____次，每次_____CC

吐奶：有 □ 无 □

健康状况：*Health Condition*

良好 □ 发烧 □ _____度

呕吐 □ 咳嗽 □ 腹泻 □ 感冒 □

尿布疹：有 □ 无 □

其他__________

Q&A

Q1：为什么宝宝第一次排尿，尿液有点深红色？

A：这是因为新生儿尿液中可能含有尿酸盐的缘故，不必担心。

Q2：母乳不足怎么办？

A：当母乳严重不足时，即使喂一次奶只能坚持 1.5–2 小时也不必担心，那就等宝宝饿了再喂一顿配方奶粉。但绝对不可以在每次喂奶过程中先母乳后再添加配方奶粉作为补充。

TIPS

初乳的重要性

产后 7 天内分泌的乳汁我们称为“初乳”。初乳中含有丰富的蛋白质以及宝宝所需的各种酶类、碳水化合物及免疫因子，可以避免新生儿遭受病菌的感染。所以虽然分泌的量少，但却是非常珍贵的，一定要给宝宝喝哦！

Memory

Memo

Memory

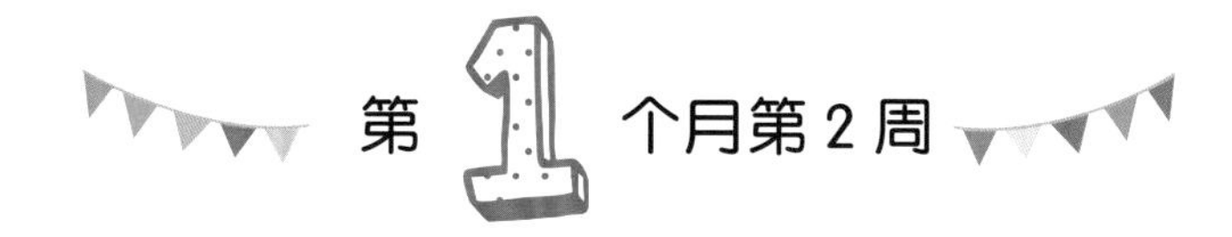

___月___日~___月___日

成长情报：*Intelligence*

身长：_____ cm / 体重：_____ kg / 头围：_____ cm / 胸围：_____ cm

喂养资讯：*Baby Care*

睡眠：日间 _____ 小时，间隔 _____ 小时 / 夜间 _____ 小时，间隔 _____ 小时

睡眠情况：良好 □ 不安稳 □ 哭闹 □

母乳：日间 _____ 次，夜间 ____ 次

奶瓶：日间 ____ 次，每次 ____CC / 夜间 ____ 次，每次 ____CC

吐奶：有 □ 无 □

健康状况：*Health Condition*

良好 □ 发烧 □ ____度

呕吐 □ 咳嗽 □ 腹泻 □ 感冒 □

尿布疹：有 □ 无 □

其他 ________

育儿问答

Q&A

Q: 医生说要给宝宝做按摩，真的那么重要吗？

A：这是建立亲子互动的重要开始哦，在轻柔的按摩过程中不仅可以传递爱的能量，还可以通过轻松愉快的音乐、说话及唱歌来增进你和宝宝情感上的沟通。

温馨提示

TIPS

按摩时的注意事项

尽可能选择有机植物的纯植物油，并在使用前先在宝宝一小块皮肤上进行 30 分钟的过敏测试，若出现小红疙瘩，并且 1–2 小时才消失，那就需要咨询医生哦。

洗完澡之后可以不用给肚脐消毒：

出生后 5–10 天左右，给宝宝洗完澡肚脐干燥后就不用消毒了哦。当然，如果有出现发脓现象，应该立即就医。

Memory

最初的抚摸

1、洗完澡之后，让宝宝光着身子仰躺在铺有毛巾的软垫上，注意调整好室内温度，不宜过冷过热。

2、在确保没有过敏的情况下，将少许纯植物润肤油轻柔地涂抹在宝宝身上，然后从身体、脸、四肢等处开始轻轻地按摩。

3、在按摩过程中配合唱歌、说话来观察宝宝的反应，是否舒适或者有哭泣、皱眉、四肢缩回等抵触情绪。如果遇到这样的情况，应停止按摩。

4、还可以准备一些软毛小刷子，在宝宝小手或者小脚的地方轻轻地刷，边刷边唱着相同身体部位的歌："刷刷宝宝的小手，刷刷宝宝的小脚……"让宝宝对自己身体的感兴趣并觉得安心。

Memo

Memory

____月___日~ ____月___日

成长情报： *Intelligence*

身长：______ cm / 体重：______ kg / 头围：______ cm / 胸围：_______ cm

喂养资讯：*Baby Care*

睡眠：日间 ______ 小时，间隔 ______ 小时 / 夜间 ______ 小时，间隔 ______ 小时

睡眠情况：良好 □ 不安稳 □ 哭闹 □

母乳：日间 ______ 次，夜间 ____ 次

奶瓶：日间 _____ 次，每次 ____CC / 夜间 _____ 次，每次 ____CC

吐奶：有 □ 无 □

健康状况： *Health Condition*

良好 □ 发烧 □ ____ 度

呕吐 □ 咳嗽 □ 腹泻 □ 感冒 □

尿布疹：有 □ 无 □

其他 __________

Q&A

育儿问答

Q: 宝宝正常一天该睡多久呢?

A：一般而言，宝宝每天的睡眠时间会随着月龄的增长而变化。对于刚出生 1 个月以内的宝宝来说，每天需要睡 16–20 小时。所以这个阶段的宝宝们基本处于不是吃就是睡的状态啦!

TIPS

温馨提示

为数月后调整宝宝睡眠时间做准备:

虽然现在宝宝还未满月，但数月后我们就要开始调整他们的睡眠模式，让他们有正常的日夜作息。所以，现在我们需要做的是，无论白天还是黑夜，当他们睡觉时尽可能调暗光线。

MyStory

Memo

Memory

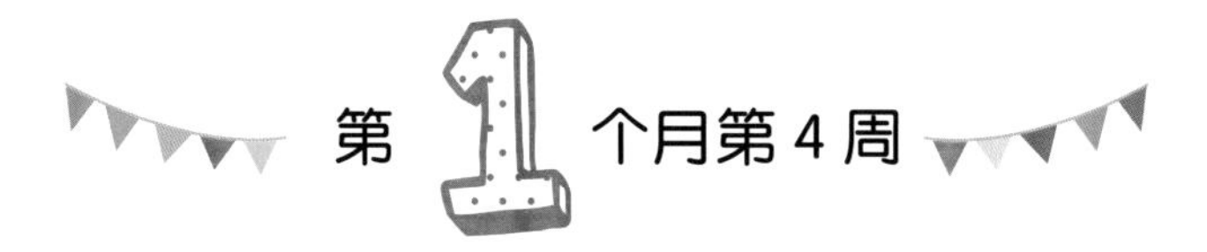

___月___日~___月___日

成长情报： *Intelligence*

身长：_____ cm / 体重：_____ kg / 头围：_____ cm / 胸围：_____ cm

喂养资讯： *Baby Care*

睡眠：日间 _____ 小时，间隔 _____ 小时 / 夜间 _____ 小时，间隔 _____ 小时

睡眠情况：良好 □ 不安稳 □ 哭闹 □

母乳：日间 _____ 次，夜间 _____ 次

奶瓶：日间 _____ 次，每次 _____CC / 夜间 _____ 次，每次 _____CC

吐奶：有 □ 无 □

健康状况： *Health Condition*

良好 □ 发烧 □ _____度

呕吐 □ 咳嗽 □ 腹泻 □ 感冒 □

尿布疹：有 □ 无 □

其他 _________

MyStory

Q&A

育儿问答

Q: 刚出生的宝宝需要婴儿枕吗?

A：一般而言，小宝宝们的脊椎都是直的，在平躺时，背部与后脑勺呈水平状态。如果给他们垫上一个小枕头，反而会造成颈部的弯曲，影响呼吸和吞咽。等到宝宝 3 个月大的时候，他们颈部发育成熟，有了正常的弧度，这时就可以开始使用枕头了。

TIPS

温馨提示

尿布疹的预防与治疗：

首先要保持宝宝小屁屁皮肤的清洁和干爽，要勤换尿布，并在更换时清洗宝宝的臀部，再用柔软的纸巾擦干。天气炎热时，尽量缩短更换尿布的时间。如果当宝宝出现尿布疹时，应选择如凡士林等适合的药膏来减缓宝宝的不适感，并尝试更换尿布的品牌，排除化学物质刺激而引起的尿布疹。

音乐小铃铛

满月小宝宝们的听觉经验多半来自于日常生活，丰富的声音刺激可引导宝宝配合音乐的开始及结束做出反应。

游戏方式：

1、家长可以准备 2 个铃铛镯，一个套在宝宝手上，另一个套脚上。

2、播放怀孕时听过的胎教音乐，帮助宝宝伴随着音乐的节奏动动小手和小脚。

这个游戏的目的是为小宝宝创造一种声音效果，以此刺激他们的听觉发展，还可以提高他们对声音的想象力。

Congratulation

我满月啦

PHOTO HERE

______年____月____日

MyStory
Memo

Memory

Memory

Two Mouth Old

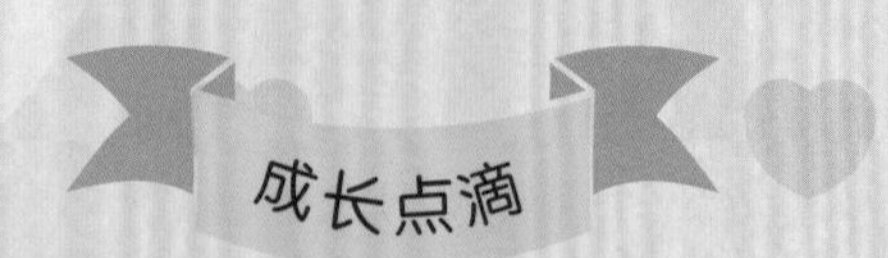

PHOTO HERE

第 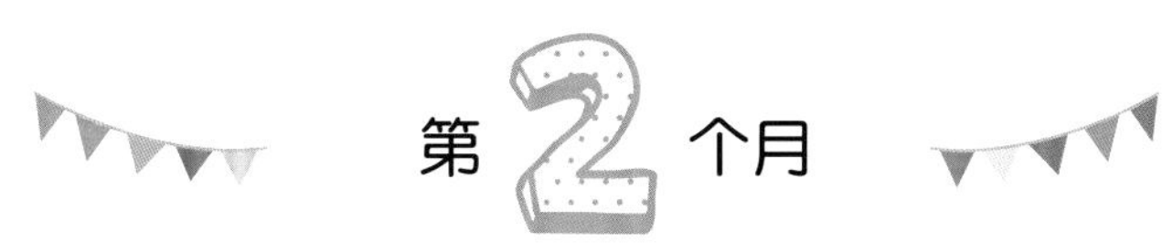 个月

____月___日~ ____月___日

成长情报： *Intelligence*

身长：______ cm / 体重：______ kg / 头围：______ cm / 胸围：______ cm

喂养资讯： *Baby Care*

睡眠：日间 ______ 小时，间隔 ______ 小时 / 夜间 ______ 小时，间隔 ______ 小时

睡眠情况：良好 □ 不安稳 □ 哭闹 □

母乳：日间 ______ 次，夜间 ____ 次

奶瓶：日间 ____ 次，每次 ____CC / 夜间 ____ 次，每次 ____CC

吐奶：有 □ 无 □

新发现： *Baby News*

可以随着音乐手舞足蹈 □ 可以瞪大眼睛 □ 特别擅长笑 □ 其他：________

健康状况： *Health Condition*

良好 □ 发烧 □ （____度） 呕吐 □ 咳嗽 □ 腹泻 □ 感冒 □

尿布疹：有 □ 无 □ 其他 __________

育儿问答

Q1：能不能给宝宝使用安抚奶嘴？

A：吮吸是宝宝与生俱来的天性，美国儿科医学会于 2011 年发表声明，鼓励健康足月的宝宝于睡眠中使用安抚奶嘴。当然，妈妈们同时又会开始担心另一个问题，安抚奶嘴会不会对发育有影响呢？确实会在一定程度上影响牙床的发育，所以最安全的使用时间是在宝宝 2–6 个月内。当宝宝 6 个月以后就要逐渐减少安抚奶嘴的使用频率，最好在 1 岁前完全停止使用。

TIPS

温馨提示

仰卧、俯卧和侧卧对头型和脸型的影响：

仰卧的宝宝多半后脑勺会较扁平，脸型也会比较宽；俯卧的宝宝由于睡觉时头会转向侧面，所以宝宝的脸型会偏向修长。不过记得要让宝宝均衡地转向左右两侧，这样才不会让脸型偏向一边；侧卧则和俯卧的头型与脸型变化相似，但一定要注意左右交替睡才是重点。此外还要注意宝宝耳廓的形状，不要往前挤压。

Memory

丰富的声音

丰富的感官刺激对宝宝未来的成长发育非常重要哦。

游戏方式：

1、准备1个小的纸盒或者铁盒，再准备一些小豆子、米粒、棉花球、小石子及小铃铛等不同物件。

2、把这些小东西分别放入盒子中，也可以帮助宝宝们自己放，让他们知道不同的东西发出的声响也不一样，注意观察他们对不同声音的反应。

3、再接着，可以把几样东西混合放入到盒子中摇晃，甚至可以和帮着宝宝一起摇晃。

这个游戏的目的：可以给宝宝们创作不同的声响效果，以此丰富他们的听觉并能帮助他们提高对声音的敏锐反应。

MyStory

小白兔

小白兔，
白又白，
两只耳朵竖起来，
爱吃萝卜爱吃菜，
蹦蹦跳跳真可爱。

Memory

Three Mouth Old

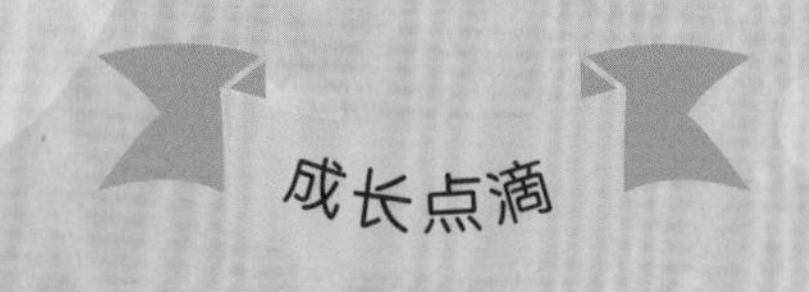

PHOTO HERE

第3个月

____月___日~____月___日

成长情报：*Intelligence*

身长：______ cm / 体重：______ kg / 头围：______ cm / 胸围：_______ cm

喂养资讯：*Baby Care*

睡眠：日间 ______ 小时，间隔 ______ 小时 / 夜间 ______ 小时，间隔 ______ 小时

睡眠情况：良好 □ 不安稳 □ 哭闹 □

母乳：日间 ______ 次，夜间 _____ 次

奶瓶：日间 _____ 次，每次 _____CC / 夜间 _____ 次，每次 _____CC

吐奶：有 □ 无 □

新发现：*Baby News*

能分辨出声音 □ 最喜欢吮吸手指 □ 笑的时候会流口水 □ 其他：________

健康状况：*Health Condition*

良好 □ 发烧 □ （_____度） 呕吐 □ 咳嗽 □ 腹泻 □ 感冒 □

尿布疹：有 □ 无 □ 其他 __________

育儿问答

Q1：宝宝出现吃手的习惯，是不是应该阻止呢？

A：这时期的宝宝，手的控制能力增强了，他们会经常盯着自己的小手看；若是将玩具放在宝宝的面前，他们也会尝试去抓握。吸吮手指是宝宝自主控制身体的第一步，初期宝宝的吸吮是手眼协调的一大进展哦，爸爸妈妈们要给宝宝足够的时间去探索和发现他们的小手呀！

TIPS

温馨提示

感官知觉的发育：

宝宝是通过感官知觉来认识这个世界的，他们利用眼睛所见，耳朵所闻，嘴巴所尝，手指、脚掌的触觉来探索这个大千世界。父母从小就应该为宝宝们营造适宜且丰富的生活环境，并在此期间适当的引导，在安全的范围内尽量满足他们的探索欲望，并以游戏的方式来满足他们感官知觉所需的刺激。这样能促进宝宝们的神经发育，并为日后的认知学习打下扎实的基础。

My Story

世上只有妈妈好

世上只有妈妈好，
妈妈最爱小宝宝。
我最爱唱这支歌，
唱得妈妈哈哈笑。

Memory

魔镜魔镜，我是谁？

3 个月的宝宝已经基本可以辨别出自己的家人，这时期的他们会用各种方法来尝试探索这个世界。

游戏方式：

1、准备一面小镜子。

2、接着让他看看镜子里的自己，并指着镜子里的宝宝呼唤他的乳名；

3、指指镜中的宝宝，再指指宝宝本身，多呼唤他的名字，告诉他这就是自己。

这个游戏的目的是：锻炼宝宝的注意力和观察力，也能扩大宝宝的认知范围。

My Story

Four Mouth Old

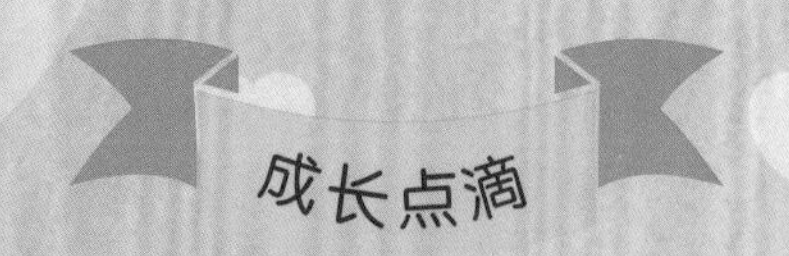

PHOTO HERE

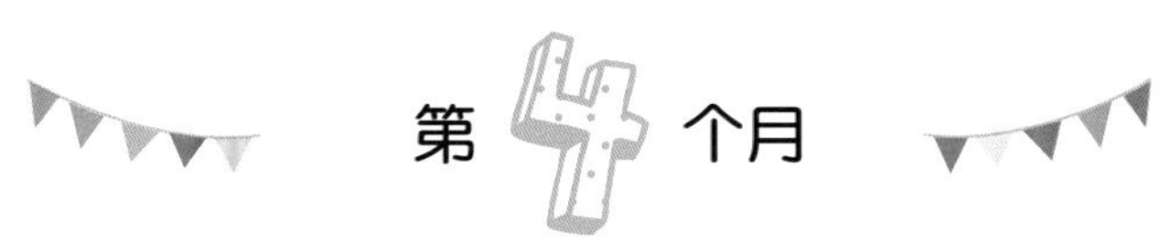

第4个月

____月___日~ ____月___日

成长情报：*Intelligence*

身长：______ cm / 体重：______ kg / 头围：______ cm / 胸围：_______ cm

喂养资讯：*Baby Care*

睡眠：日间 ______ 小时，间隔 ______ 小时 / 夜间 ______ 小时，间隔 ______ 小时

睡眠情况：良好 □ 不安稳 □ 哭闹 □

母乳：日间 ______ 次，夜间 ____ 次

奶瓶：日间 ____ 次，每次 ____CC / 夜间 ____ 次，每次 ____CC

吐奶：有 □ 无 □

新发现：*Baby News*

小脑袋可以“立住”了 □ 大动作来啦：翻身 □ 口水哗哗流 □ 其他：________

健康状况：*Health Condition*

良好 □ 发烧 □ （____度） 呕吐 □ 咳嗽 □ 腹泻 □ 感冒 □

尿布疹：有 □ 无 □ 其他 __________

育儿问答

Q1：宝宝总是流口水，正常吗？一般会持续多久呢？

A：宝宝 4 ~ 5 个月时大唾液腺发育成熟，便会开始分泌口水，这时他们的吞咽功能还不发达，所以会流口水，这是非常正常的现象。当宝宝到两岁左右会停止，当然也有一只流到四五岁的宝宝。

TIPS

温馨提示

为翻身作准备：

在宝宝 4 ~ 5 个月时，会迎来人生中第一个大动作：翻身，这是可发育过程中重要的里程碑。在学会翻身之前，宝宝们必须能稳定地控制头部，肩膀、手腕，上臂的肌肉这时也基本发育得更为成熟，变得更有力量了。而翻身这个动作有时是一瞬间就突然学会了，所以爸爸妈妈们必须特别注意安全问题，避免宝宝从椅子或者沙发上跌落。

Memory

Congratulation

百日照

PHOTO HERE

____年____月____日

MyStory

Memory

Memo

做早操

早上空气真正好，
我们都来做早操。
伸伸臂，弯弯腰，
踢踢腿，蹦蹦跳，
天天锻炼身体好。

Memory

左右翻身

1、准备一个宝宝平时很喜欢的玩具，并让宝宝仰卧。

2、接着在他们左侧或者右侧放置玩具，吸引宝宝去拿。

3、起初宝宝可能无法做到，需要大人的协助。当他向左翻的时候，我们可以用右手扶住宝宝的左肩，左手扶住他的小屁股，轻轻用力帮助宝宝翻过来，反之亦然。

这个游戏的目的是：锻炼宝宝的翻身的能力，有助于宝宝手脚的协调性。

Memory

Five Mouth Old

PHOTO HERE

第5个月

____月___日~____月___日

成长情报：*Intelligence*

身长：_____ cm / 体重：_____ kg / 头围：_____ cm / 胸围：______ cm

喂养资讯：*Baby Care*

睡眠：日间 _____ 小时，间隔 _____ 小时 / 夜间 _____ 小时，间隔 _____ 小时

睡眠情况：良好 □ 不安稳 □ 哭闹 □

母乳：日间 _____ 次，夜间 ____ 次

奶瓶：日间 ____ 次，每次 ____CC / 夜间 ____ 次，每次 ____CC

吐奶：有 □ 无 □ 辅食：有 □ 无 □

新发现：*Baby News*

咿咿呀呀歌唱家 □ 俯卧时可以抬肩膀和头 □ 口水哗哗流

喜欢抓取东西放入嘴中 □ 和家人有互动 □ 其他：____________________

健康状况：*Health Condition*

良好 □ 发烧 □ （____度） 呕吐 □ 咳嗽 □ 腹泻 □ 感冒 □

尿布疹：有 □ 无 □ 其他 _________

育儿问答

Q1：什么时候可以开始添加辅食？

A：世界卫生组织及美国儿科医学会皆主张，足月生产的宝宝纯母乳喂养 6 个月之后，可以开始逐渐添加辅食。那么如果是吃配方奶粉的宝宝呢？根据台湾儿科医学会的建议，一般从 4 ～ 6 个月就可以开始添加辅食了。

TIPS

温馨提示

添加辅食的三大原则：

Rule 1：从一汤勺开始，一次不要给两种以上的食物。

Rule 2：出现过敏反应因立即停止食用并就医。

Rule 3：宝宝若出现抗拒反应，可能是不喜欢或者有不适感，应先观察情况，不要勉强宝宝吃。

可以添加哪些辅食：

4 ～ 6 个月的宝宝，可食用米糊、新鲜果汁以及菜汁。

米糊：可以用配方奶粉加米粉调制。

新鲜果汁：用新鲜水果榨汁，起初食用时需用 1:1 温开水稀释后再食用。

菜汁：挑选新鲜蔬菜洗净切碎，投入锅中加水煮沸约 3 分钟后取出，待冷却后食用。

Memory

红萝卜 绿青菜

红萝卜，绿青菜，
红红绿绿真可爱。
吃萝卜，吃青菜，
身体健康人人爱。

亲子小游戏

Baby Games

我是小小快递员

游戏方式：

1、这个游戏需爸爸妈妈和宝宝一起完成，让宝宝坐中间，爸爸妈妈各坐一边；

2、挑选一个宝宝喜欢的玩具，从一侧的妈妈开始，把玩具传递给宝宝；

3、然后让宝宝再把玩具传递给另一侧的爸爸，还可以配合音乐来完成，会更有趣味性。

这个游戏的目的是：可以锻炼宝宝手的灵活性。

Memo

Six Mouth Old

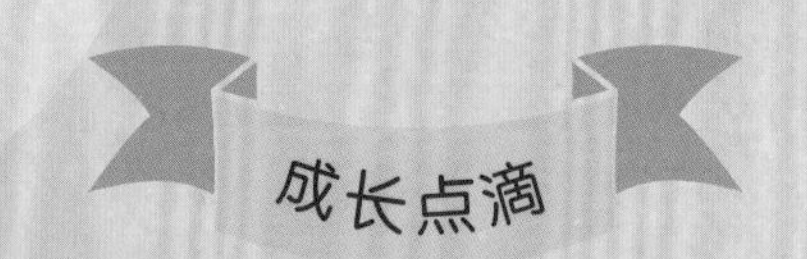

PHOTO HERE

第6个月

____月___日~____月___日

成长情报：*Intelligence*

身长：______ cm / 体重：______ kg / 头围：______ cm / 胸围：_______ cm

喂养资讯：*Baby Care*

睡眠：日间 ______ 小时，间隔 ______ 小时 / 夜间 ______ 小时，间隔 ______ 小时

睡眠情况：良好 □ 不安稳 □ 哭闹 □

母乳：日间 ______ 次，夜间 ____ 次

奶瓶：日间 ____ 次，每次 ____CC / 夜间 ____ 次，每次 ____CC

吐奶：有 □ 无 □ 辅食：有 □ 无 □

新发现：*Baby News*

东倒西歪靠垫王 □ 可以听懂部分大人的话 □ 口水依然哗哗流

喜欢抓取东西放入嘴中 □ 和家人有互动 □ 其他：________________________

健康状况：*Health Condition*

良好 □ 发烧 □（____度） 呕吐 □ 咳嗽 □ 腹泻 □ 感冒 □

尿布疹：有 □ 无 □ 其他 __________

Q&A

育儿问答

Q：宝宝晚上睡觉可以开小夜灯吗？

A：我们知道，太强的光线会穿透眼皮刺激眼睛，让瞳孔和脑神经无法得到真正的休息。而且夜灯的光线会抑制褪黑素的分泌，影响免疫功能。也有研究表明，有近视的青少年在幼儿时期多半使用过夜灯，所以建议家长尽量不要使用小夜灯哦。

TIPS

温馨提示

轻松入睡小技巧：

宝宝已经有6个月了，对于大多数家长来说，每次哄睡真是一个大工程。抱着摇着，不然就是各种说学逗唱，每次宝宝没睡着自己已经累晕。所以基本哄完宝宝的家长总是秒睡，更别提还有精力去看电视或者做自己的事了。这里给大家建议的就是“仪式感”，比如先把窗帘拉上、然后喝睡前奶、接着洗澡、刷牙以及讲故事等一系列睡前准备工作。这样的睡前仪式会让宝宝平静下来，从心理上做好睡觉的准备，对于入睡困难的宝宝有极大的帮助。

My Story

摇摇船

游戏方式：

1、准备一条可以让宝宝舒适躺在里面的毯子。

2、让宝宝躺在毯子里面，爸爸妈妈站在毯子的两端。

3、然后拿起毯子的两角，轻轻地有节奏的左右摇晃。

4、边摇晃毯子边可以和宝宝对话或者唱歌。

这个游戏的目的是：可以促进宝宝身体的协调性、增进亲子关系亲密度，并能缓解宝宝的情绪。

注意事项：要注意摇晃的速度和幅度都不可以太大，以免造成婴儿摇晃综合症或者跌落。

Memory

苹果和香蕉

苹果圆圆，香蕉弯弯，
你一半，我一半，
一人一半吃得欢，
心里甜甜，笑声甜甜，
嘴巴笑成弯香蕉，
脸色更比苹果艳。

Congratulation

我满半周岁啦！！！

PHOTO HERE

______年_____月_____日

MyStory

Memory

Memory

A Letter For You

写给给宝宝的信

Seven Mouth Old

第7个月

____月____日~____月____日

成长情报：*Intelligence*

身长：______cm / 体重：______kg / 头围：______cm / 胸围：______cm

喂养资讯：*Baby Care*

睡眠：日间______小时，间隔______小时 / 夜间______小时，间隔______小时

睡眠情况：良好 □ 不安稳 □ 哭闹 □

母乳：日间______次，夜间____次

奶瓶：日间____次，每次____CC / 夜间____次，每次____CC

吐奶：有 □ 无 □ 辅食：有 □ 无 □

新发现：*Baby News*

我能坐起来啦 □ 翻身是件容易的事 □ 家里的表情包 □

其他：________________________

健康状况：*Health Condition*

良好 □ 发烧 □（____度） 呕吐 □ 咳嗽 □ 腹泻 □ 感冒 □

尿布疹：有 □ 无 □ 其他__________

育儿问答

Q：当宝宝坐着的时候，他的样子有点驼背，这样是否不好呢？

A：宝宝在无外力支撑的情况下坐着，姿势确实会往前倾，看起来有点驼背。等宝宝 9 个月后，背部与腹部的肌肉发育得更好后，他的身体就不会往前倾，就能够维持好姿势哦。爸爸妈妈也可以让宝宝坐在自己两腿间，从后面将手借给宝宝扶着，让他练习坐的动作。

TIPS

温馨提示

戒掉夜奶的习惯

宝宝们吃夜奶，一直不同程度上影响到妈妈们的正常休息，所以很多妈妈一直纠结是否该帮宝宝戒掉夜奶。其实一般来说，当宝宝 4 ~ 6 个月大时，在添加辅食之后就可以开始戒掉夜奶了。首先，良好的睡眠质量对宝宝的生长发育非常重要，随着辅食摄入量及睡前奶量的增加，基本可以满足宝宝一夜睡到天亮的需求，这样就可以戒掉夜奶了。但是对于一些有代谢问题的宝宝们，他们需要频繁进食才可以补充身体的能量，就不建议这些宝宝戒掉夜奶。

My Story

Memory

Memo

亲子小游戏

Baby Games

比比谁坐得稳

长辈们常说“七坐八爬”，就是7个月大的宝宝们大多学会坐啦，但到底坐得稳不稳因人而异。这个游戏就是要家长配合来帮助宝宝锻炼身体的平衡感，看看谁坐得更稳。

游戏方式：

1、让宝宝坐在相对柔软的地方，并在宝宝可能倒下的地方垫上几个枕头。

2、家长和宝宝面对面坐下，用稍小的力气推一下宝宝，看看他能不能坐稳。

3、然后让宝宝也学着你的动作，来推一推家长，这时我们可以选择倒下，如果动作夸张一些会逗得宝宝哈哈大笑。当然你也可以选择不倒下，自由发挥啦。

这个游戏的目的是：帮助宝宝锻炼身体的平衡感，可以坐得更稳。

注意事项：一定要在宝宝可能倒下的地方垫上几个枕头，以免摔伤。

吃饭

小宝宝，坐坐好，
妈妈盛饭喂宝宝。
细细嚼，慢慢咽，
宝宝吃得直叫好。

Eight Mouth Old

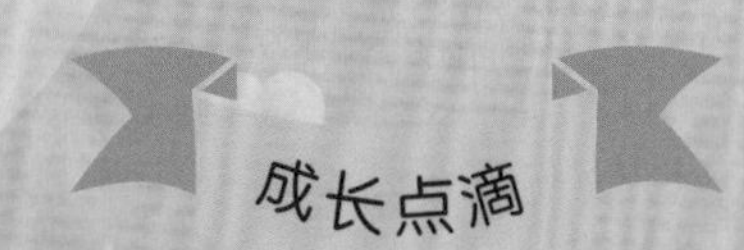

PHOTO HERE

第8个月

____月____日~____月____日

成长情报：*Intelligence*

身长：______cm / 体重：______kg / 头围：______cm / 胸围：______cm

喂养资讯：*Baby Care*

睡眠：日间______小时，间隔______小时 / 夜间______小时，间隔______小时

睡眠情况：良好 □ 不安稳 □ 哭闹 □

母乳：日间______次，夜间______次

奶瓶：日间______次，每次______CC / 夜间______次，每次______CC

吐奶：有 □ 无 □ 辅食：有 □ 无 □

新发现：*Baby News*

我能爬啦 □ 坐得更稳了 □ 会用哭闹来表达情绪 □

其他：______________________

健康状况：*Health Condition*

良好 □ 发烧 □（______度） 呕吐 □ 咳嗽 □ 腹泻 □ 感冒 □

尿布疹：有 □ 无 □ 其他__________

Q&A

育儿问答

Q：宝宝为什么还没长出乳牙？

A：一般来说，宝宝 6 ~ 7 个月时会长出第一颗牙齿。虽然说长牙有一定的顺序，但这也只是一个平均值，并非绝对。不同宝宝之间的差异有可能高达 6 ~ 7 个月之久，所以提早或者延迟出牙都无需太过担心。已经长了牙的宝宝就一定要做好牙齿清洁，我们可以用棉签或者纱布来清洁宝宝的牙齿和口腔。

TIPS

温馨提示

会爬之后的安全隐患：

这个月龄的宝宝有的已经会爬了，由于他们活动能力的增强，可能会爬到房间的任何地方，所以一定不能离开家长的视线。同时他们的手部动作也比以前灵活很多，小肌肉越来越发达，本月开始更要注重安全问题哦。

Memory

Memory

蚕宝宝

蚕宝宝，真稀奇，
小时像蚂蚁，
大了穿白衣，
吐出丝来长又细，
结成茧儿真美丽。

Memo

当宝宝们会爬以后，他们就很乐于尝试。看到自己喜欢的东西就会迫不及待地爬过去拿，这时我们可以帮助他们来增强爬行的趣味性。

游戏方式：

1、找一个宝宝喜欢的球或者小汽车等玩具。

2、逗一下宝宝让他注意之后，在一定范围内把球滚出去。

3、这时有些宝宝会马上开始爬过去捡球，也有一些宝宝需要家长的指引去完成捡球的任务。

这个游戏的目的是：帮助宝宝锻炼手部及腿部肌肉。

MyStory

Nine Mouth Old

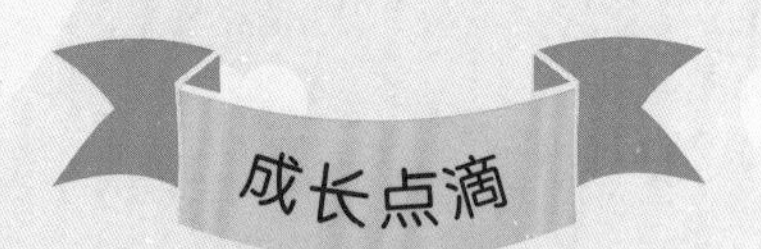

PHOTO HERE

第 9 个月

____月___日~ ____月___日

成长情报：*Intelligence*

身长：____ cm / 体重：____ kg / 头围：____ cm / 胸围：____ cm / 已长出：____ 颗牙

喂养资讯：*Baby Care*

睡眠：日间 _____ 小时，间隔 _____ 小时 / 夜间 _____ 小时，间隔 _____ 小时

睡眠情况：良好 □ 不安稳 □ 哭闹 □

母乳：日间 _____ 次，夜间 ____ 次

奶瓶：日间 ____ 次，每次 ____CC / 夜间 ____ 次，每次 ____CC

吐奶：有 □ 无 □ 辅食：有 □ 无 □

新发现：*Baby News*

爬的时候肚子可以离开地面 □ 可以换手拿物 □ 能发出多种声音来表达情绪 □

其他：______________________

健康状况：*Health Condition*

良好 □ 发烧 □ （____度） 呕吐 □ 咳嗽 □ 腹泻 □ 感冒 □

尿布疹：有 □ 无 □ 其他 _________

育儿问答

Q：宝宝看到能吃的东西会爬过去用手抓着吃，这样好吗？

A：这个月龄的宝宝手部肌肉已经比较发达了，用手抓东西非常正常，而用手去抓取食物，说明宝宝对食物产生了兴趣。爸爸妈妈应该认同他们的需求，同时可以准备一些相对安全的食物，让他们用手抓着吃，这样可以让宝宝学习如何将食物运送到嘴巴的手部动作，同时也会感受到食物的硬度和温度，学会调节抓握的力道。

TIPS

温馨提示

便秘小秘诀：

随着宝宝月龄的增长，辅食量也在不断增加，这时可能会出现便秘的问题。为了预防宝宝便秘，平时我们需要注意5个方面：

1、要让宝宝进行适量的运动，可以促进肠胃蠕动，并调节与排便规律相关的自律神经活动。

2、养成早睡早起的习惯，有助于规律的排便。

3、小屁屁如果有红肿、湿疹等问题，会造成排便的疼痛感，这时宝宝就不愿意大便了。所以要保持小屁屁的干爽和清洁。

4、多喝水，保持充足的水分很重要。

5、要均衡饮食，多吃水果和含纤维较多的食物，有助于改善肠内环境，不容易造成便秘。

Memory

Memo

五指歌

一二三四五，上山打老虎，
老虎没打到，打到小老鼠。
老鼠有几只？
让我数一数，数来又数去，
一二三四五。

My Story

彩色的雪花

游戏方式：

1、准备一些材质软硬不同、颜色不同的纸。

2、让宝宝撕不同硬度，不同颜色的纸。

3、撕完小纸片后，可以用力往上抛，纸片落下就像彩色的雪花。

这个游戏的目的是：锻炼宝宝手部精细动作，并且可以培养双手的协调能力。

需要注意的事项：别让宝宝们吃下纸片，大人必须陪同。

My Story

Memo

Ten Mouth Old

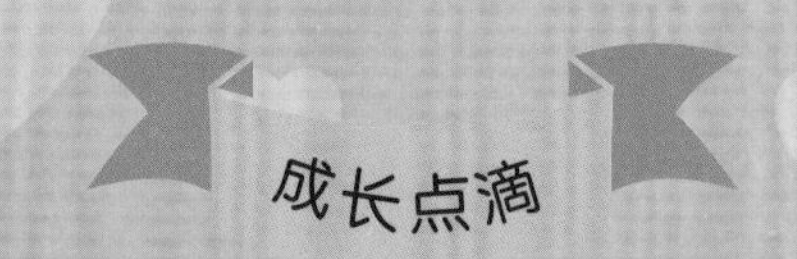

PHOTO HERE

第10个月

____月___日~____月___日

成长情报： *Intelligence*

身长：______ cm / 体重：______ kg / 头围：______ cm / 胸围：_______ cm

喂养资讯： *Baby Care*

睡眠：日间 ______ 小时，间隔 ______ 小时 / 夜间 ______ 小时，间隔 ______ 小时

睡眠情况：良好 □ 不安稳 □ 哭闹 □

母乳：日间 ______ 次，夜间 _____ 次

奶瓶：日间 _____ 次，每次 ____CC / 夜间 _____ 次，每次 ____CC

吐奶：有 □ 无 □ 辅食：有 □ 无 □

新发现： *Baby News*

会说简单模糊的语言 □ 可以站立 □ 模仿小达人 □ 满满的好奇心 □

其他：________________________

健康状况： *Health Condition*

良好 □ 发烧 □ （____度） 呕吐 □ 咳嗽 □ 腹泻 □ 感冒 □

尿布疹：有 □ 无 □ 其他 __________

育儿问答

Q1：宝宝开始长牙了，可以使用儿童牙刷吗？

A：目前其实宝宝的牙齿数量还不是很多，等他们上下各长出四颗牙齿后才可以使用牙刷。在这之前，建议用纱布帮助宝宝擦拭牙齿和牙龈，这是宝宝牙齿照护的第一步。特别是晚安奶之后，爸爸妈妈一定要持之以恒，让宝宝养成定时刷牙的习惯。

温馨提示

TIPS

黏人的小宝宝：

这个月龄的宝宝对于照顾者（妈妈）的依恋变得越来越强，一点也离不开妈妈。但这只是短暂现象，家长要在这个时期应处理好宝宝们的分离焦虑。可以在离开前事先告知宝宝自己要离开一会儿，并以柔和的语气及肢体上的接触来表达，这样可以让宝宝从焦虑中缓和过来。当然，也需要遵守承诺，在允诺的时间内回来，便能培养出亲子间的信任感，久而久之分离焦虑自然会缓解很多。对于一些相对贪玩的宝宝们，可以拿出他们喜欢的小玩具来转移注意力，这样也可以减轻焦虑的反应。千万不可以责骂或者处罚宝宝对于分离时的哭闹行为，以免加重焦虑情绪。要多爱抚，多说话，让宝宝们自然而舒适地度过这个时期。

Memory

Memory

Memo

亲子小游戏

Baby Games

发声游戏

这个时期的宝宝很喜欢模仿大人的动作或者声音，我们可以通过这个游戏帮助他们来学习如何发出不同的声音。

游戏方式：

1、可以找一些小动物手偶，比如小猫或者小狗。

2、家长拿着手偶在宝宝面前晃动，并发出相应的叫声让宝宝模仿。

需要注意的事项：如果宝宝发的声音比较奇怪千万不可以嘲笑他们哦。

小兔子乖乖

小兔子乖乖，

把门儿开开，快点开，

妈妈要进来。

不开，不开，我不开，

妈妈没回来，

谁来也不开。

Eleven Mouth Old

PHOTO HERE

第11个月

____月___日~ ____月___日

成长情报：*Intelligence*

身长：______ cm / 体重：______ kg / 头围：______ cm / 胸围：_______ cm

喂养资讯：*Baby Care*

睡眠：日间 ______ 小时，间隔 ______ 小时 / 夜间 ______ 小时，间隔 ______ 小时

睡眠情况：良好 □ 不安稳 □ 哭闹 □

母乳：日间 ______ 次，夜间 ____ 次

奶瓶：日间 ____ 次，每次 ____CC / 夜间 ____ 次，每次 ____CC

吐奶：有 □ 无 □ 辅食：有 □ 无 □

新发现：*Baby News*

会说简单模糊的语言 □ 可以站立 □ 会跨步 □ 会用勺子吃饭 □

其他：________________________

健康状况：*Health Condition*

良好 □ 发烧 □ （____度） 呕吐 □ 咳嗽 □ 腹泻 □ 感冒 □

尿布疹：有 □ 无 □ 其他 __________

育儿问答

Q&A

Q：怎样选择合适的学步鞋？

A：首先，选择学步鞋一定要试穿。鞋子最好选择距离趾尖有0.5~1 公分的距离，而且能够完全包裹住脚踝的鞋款。此外，鞋底不能太硬也是选择的重点。

温馨提示

TIPS

开始培养亲子阅读的好习惯：

当宝宝开始牙牙学语、开始模仿我们、开始对一切感到好奇时，就可以开始和宝宝一起看书啦。这个时期的宝宝可以看一些简单而色彩鲜艳的绘本，或看一些帮助认知的图片。家长可以指着图片反复告诉宝宝画中物品的名称。当他能咿咿呀呀地模仿我们刚才说的话时，即使发音不准确也要予以鼓励，并即时纠正，切勿嘲笑他们。坚持和宝宝多说话，会有大发现哦。

Memory

蜜蜂

三月起春风，

菜花请蜜蜂。

唱歌又跳舞，

满天嗡嗡嗡。

Memory

枕头山

11 个月的宝宝大动作越来越多了，可以坐、可以爬、可以站甚至可以跨步，我们来做个小游戏，让他们活动起来。

游戏方式：

1、找一些小靠垫小枕头之类的垫子叠在一起，堆成一个小山坡让宝宝翻越过去。

2、家长在旁可以协助宝宝尝试完成这个任务，无论是爬也好，跨也好都可以哦。

需要注意的事项：在这个枕头山旁边最好放一些软垫，以防宝宝跌倒误伤。

Twelve Mouth Old

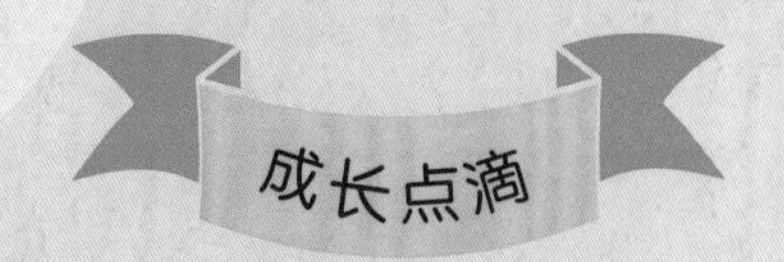

PHOTO HERE

第12个月

____月___日~____月___日

成长情报: *Intelligence*

身长：______ cm / 体重：______ kg / 头围：______ cm / 胸围：_______ cm

喂养资讯: *Baby Care*

睡眠：日间 ______ 小时，间隔 ______ 小时 / 夜间 ______ 小时，间隔 ______ 小时

睡眠情况：良好 □ 不安稳 □ 哭闹 □

母乳：日间 ______ 次，夜间 _____ 次

奶瓶：日间 _____ 次，每次 _____CC / 夜间 _____ 次，每次 _____CC

吐奶：有 □ 无 □ 辅食：有 □ 无 □

新发现: *Baby News*

语言越来越丰富了 □ 可以站立 □ 可以跨步 □ 能扶着墙行走了 □

其他：_________________________

健康状况: *Health Condition*

良好 □ 发烧 □ （_____度） 呕吐 □ 咳嗽 □ 腹泻 □ 感冒 □

尿布疹：有 □ 无 □ 其他 __________

育儿问答

Q&A

Q：宝宝长湿疹时可以吃鸡蛋吗？

A：如果宝宝不对鸡蛋过敏，即使长了湿疹也不用刻意避免食用鸡蛋。不过，如果宝宝之前曾出现过吃完鸡蛋后长湿疹或者皮肤红痒等症状，即使是轻微的问题，也不要给宝宝吃鸡蛋了。最好去医院检查一下过敏源比较妥当。

温馨提示

TIPS

要戒掉安抚奶嘴：

宝宝已经长牙，安抚奶嘴可能会影响宝宝齿列的发展，所以爸爸妈妈们要帮宝宝慢慢戒掉安抚奶嘴哦。例如增强宝宝白天的运动量，到了晚上稍微用一下安抚奶嘴就可以很快入睡。这样慢慢减少使用频率，很快宝宝就不再需要它啦。

Memory

亲子小游戏

Baby Games

猜猜玩具在哪里？

已经是快满1周岁的宝宝啦，我们需要帮助他们锻炼注意力和观察能力。

游戏方式：

1、挑选几个相同的盒子以及一个小玩具。

2、把玩具放在其中一个盒子里，不断地变换盒子的位置，让宝宝猜猜玩具在哪里。

扔皮球

小皮球，举得高，

扔出去，它就跳，

跳到东，跳到西，

跳到鞋里躲猫猫。

Happy Birthday

我满一周岁啦！！！

PHOTO HERE

______年____月____日

MyStory

Memory

Memory

Memory

Memory

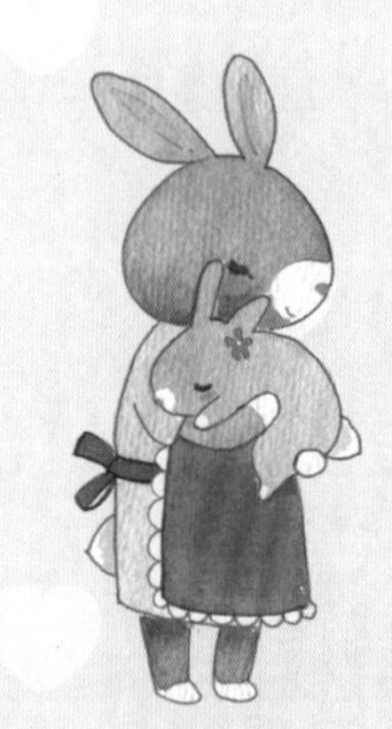

A Letter For You

写给给宝宝的信

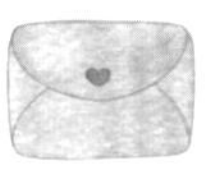

Fifteen Mouth Old

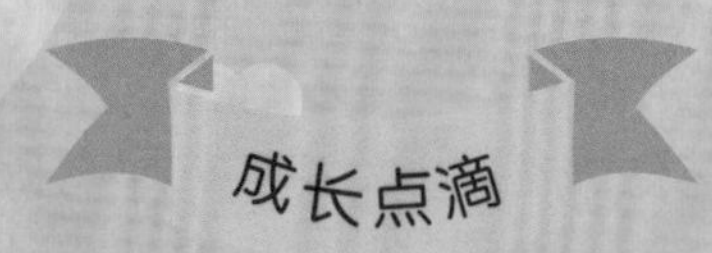

PHOTO HERE

第15个月

___月__日~___月__日

成长情报： *Intelligence*

身长：_____cm / 体重：_____kg / 头围：_____cm / 胸围：_____cm

喂养资讯： *Baby Care*

睡眠：日间_____小时，间隔_____小时 / 夜间_____小时，间隔_____小时

睡眠情况：良好 □ 不安稳 □ 哭闹 □

母乳：日间_____次，夜间____次

奶瓶：日间____次，每次____CC / 夜间____次，每次____CC

吐奶：有 □ 无 □ 辅食：有 □ 无 □

新发现： *Baby News*

语言越来越丰富了 □ 走路已经很稳了 □

其他：____________________

健康状况： *Health Condition*

良好 □ 发烧 □（____度） 呕吐 □ 咳嗽 □ 腹泻 □ 感冒 □

尿布疹：有 □ 无 □ 其他__________

育儿问答

Q&A

Q：宝宝开始学走路时，是否可以使用学步车呢？

A：在商场里我们总能看到各式各样的学步车，有些家长认为把刚开始学步的宝宝放在里面更安全。但事实并非如此，因为刚学步的宝宝无法完全控制学步车的速度和方向，很有可能会造成翻车、从高处滑落等意外伤害，因此美国儿科医学会告诫家长不宜让幼儿使用学步车。

温馨提示

TIPS

宝宝学步的安全性：

在宝宝 12~15 个月龄时，对学步充满着强烈的好奇心，因为这样他们能有更广阔的视野，行动也更自如，所以即使步态不稳也会勇往直前。在这个时候“小小探索家”们很容易跌倒或者撞击家具，为了避免不必要的受伤，家长要调整家具的摆放位置以及移除“探索范围”内的尖锐物品。更值得一提的是，宝宝们对事物的新鲜感远比我们想象的要强很多，在他们手可以碰触到的地方避免摆放药品及可能会产生安全问题的液体及物品。

Memory

Memory

小汽车

小汽车，嘀嘀嘀，
开过来，开过去，
小宝宝，当司机，
送妈妈，上班去。

Memo

这个游戏要用到可以鼓励宝宝从起点走向终点的小鼓，并让小鼓发出咚咚咚的声响。有助于增强宝宝对走路的兴趣和信心，同时增加手部动作，这样可以加强手脑腿的协调性。

游戏方式：

1、准备一个宝宝常玩的小鼓或者其他类似发声乐器，放在离宝宝 1.5-2 米的距离。

2、在起点的位置做好标签，让宝宝自己走到终点并敲响小鼓。

3、最后可以给一个小零食或者玩具作为奖励。

My Story

Eighteen Mouth Old

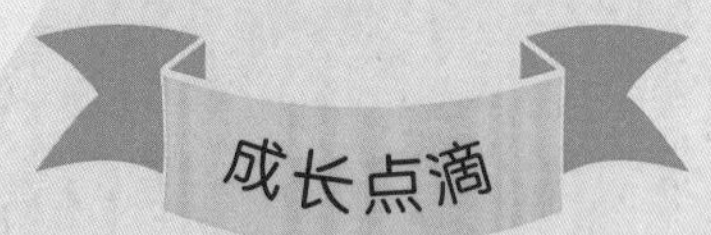

PHOTO HERE

第18个月

___月___日~___月___日

成长情报：*Intelligence*

身长：______ cm / 体重：______ kg / 头围：______ cm / 胸围：______ cm

喂养资讯：*Baby Care*

睡眠：日间 ______ 小时，间隔 ______ 小时 / 夜间 ______ 小时，间隔 ______ 小时

睡眠情况：良好 □ 不安稳 □ 哭闹 □

母乳：日间 ______ 次，夜间 ____ 次

奶瓶：日间 ____ 次，每次 ____CC / 夜间 ____ 次，每次 ____CC

吐奶：有 □ 无 □ 辅食：有 □ 无 □

新发现：*Baby News*

可以蹲下站起 □ 走得比前几个月快啦，甚至可以小跑起来 □

其他：________________________

健康状况：*Health Condition*

良好 □ 发烧 □ （____ 度） 呕吐 □ 咳嗽 □ 腹泻 □ 感冒 □

尿布疹：有 □ 无 □ 其他 __________

育儿问答

Q&A

Q：什么时候可以开始训练宝宝上小马桶了？

A：宝宝独立上厕所，是他们成长中一个重要的里程碑。但什么时候开始训练宝宝自己上厕所比较好呢？这需要观察他们是否已表现出一些基本能力才能确定哦：

1、宝宝尿布上 2 ~ 3 小时没有尿液；

2、宝宝开始出现模仿大人坐马桶的行为；

3、宝宝可以平稳地坐在小马桶上。

4、宝宝会用语言或者动作来表达自己如厕的需求。

温馨提示

TIPS

训练宝宝如厕注意事项：

训练宝宝大小便的最佳时机是 1 岁半 ~ 2 岁半，家长要对他们进行持续的训练，特别是开始几天一定要有耐心，不要因为怕宝宝尿尿让他们少喝水。在训练初期，不要让宝宝完全脱离尿布，在睡觉或者外出时也要穿上尿布，等到训练明显起效后再考虑彻底离开尿布。

Memory

Memory

Memo

响一下、停一下

游戏方式：

1、家长先准备一个闹钟；

2、告诉宝宝当听到闹钟响的时候做各种各样的动作；

3、家长可以事先示范一些动作让宝宝模仿。

这个游戏的目：可以增强宝宝快速反应的能力。

穿衣服

一件衣服四个洞，
宝宝套进大洞洞。
脑袋钻出中洞洞，
小手伸出小洞洞。
小纽扣，钻洞洞，
一二三，钻出来。

Twenty-one Mouth Old

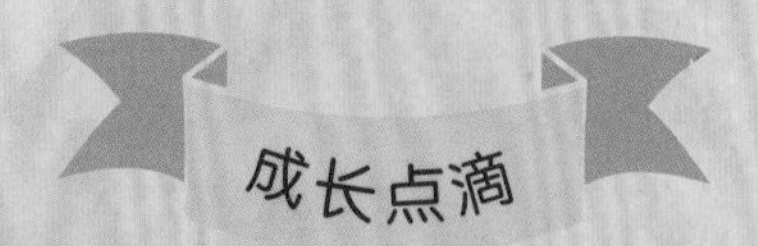

第21个月

____月___日~____月___日

成长情报： *Intelligence*

身长：______cm / 体重：______kg / 头围：______cm / 胸围：_______cm

喂养资讯： *Baby Care*

睡眠：日间______小时，间隔______小时 / 夜间______小时，间隔______小时

睡眠情况：良好 □ 不安稳 □ 哭闹 □

母乳：日间______次，夜间_____次

奶瓶：日间_____次，每次_____CC / 夜间_____次，每次_____CC

吐奶：有 □ 无 □ 辅食：有 □ 无 □

新发现： *Baby News*

走路走得很稳啦 □ 可以听懂简单的指令（坐下、不可以、你很棒、拜拜等）□

其他：________________________

健康状况： *Health Condition*

良好 □ 发烧 □（_____度） 呕吐 □ 咳嗽 □ 腹泻 □ 感冒 □

尿布疹：有 □ 无 □ 其他__________

Q1：除了正常的食物以外还需要添加营养品的摄入吗?

A：通常情况下，1 岁以上的宝宝们可接受的食物种类几乎和成人的食谱相差不远，只是在食物粗细及分量上需要有一些调整。因此，建议家长多采用天然新鲜的食物而非人工营养品的补充。

TIPS

1 岁以上幼儿健康饮食原则：

1、每一顿尽量食用米饭或者全谷根茎类（如糙米、全麦或者杂粮）；

2、养成持续摄入乳制品的习惯；

3、尽量减少调味料和蘸料的使用；

4、多喝白开水，避免摄入过多含糖和咖啡因的饮料；

5、摄取适当热量，进行适当的体育锻炼；

6、用黄豆及其制品来取代部分肉类；

7、减少甜食和高油脂食物的摄取；

8、每天摄取一定量的深色蔬菜和新鲜水果。

Memory

MyStory

亲子小游戏

Baby Games

五彩圈圈

宝宝现在可以走得很稳啦，我们可以在家多练习多走走有助于锻炼腿部肌肉。同时可以结合游戏的方式让他们开始学习跨越的动作。

游戏方式：

1、挑选 2~3 根不同颜色的彩色绳子；

2、将彩色绳子放在地上摆放成不同大小的圆圈；

3、让宝宝从一个圈跨到另一个圈。

小青蛙

小青蛙，呱呱呱，
水里游，岩上爬。
吃害虫，保庄稼，
人人都要保护它。

Twenty-four Mouth Old

PHOTO HERE

第24个月

____月____日~____月____日

成长情报：*Intelligence*

身长：______cm / 体重：______kg / 头围：______cm / 胸围：______cm

喂养资讯：*Baby Care*

睡眠：日间______小时，间隔______小时 / 夜间______小时，间隔______小时

睡眠情况：良好 □ 不安稳 □ 哭闹 □

母乳：日间______次，夜间______次

奶瓶：日间______次，每次______CC / 夜间______次，每次______CC

吐奶：有 □ 无 □ 辅食：有 □ 无 □

新发现：*Baby News*

我能坐起来啦 □ 翻身是件容易的事 □ 家里的表情包 □

其他：____________________

健康状况：*Health Condition*

良好 □ 发烧 □（______度） 呕吐 □ 咳嗽 □ 腹泻 □ 感冒 □

尿布疹：有 □ 无 □ 其他__________

育儿问答

Q&A

Q: 宝宝 2 岁了，可以自己吃饭吗?

A：2 岁的孩子已经可以自行使用汤匙进食了，家长可以提供适合的幼儿餐具给孩子使用。选择有把手、小巧、有卡通图案的餐具和大小适合幼儿的汤匙，并让孩子与家人一起用餐，可以培养孩子的成就感与参与感。家长不要因为害怕孩子吃得慢，或把食物掉得到处都是，而采用完全喂食的方式，这样会影响孩子正常的发育与探索。

温馨提示

TIPS

宝宝吃饭的注意事项

1、正餐时间外，家长应该避免给予宝宝过多或不适合的零食，以防止他们吃不下正餐而拖延用餐时间。同时也应该给他们适当的份量，不要暴饮暴食，也不要有“吃得多就长得好”的错误观念，以免孩子肠胃失调。

2、不要以强迫的手段逼宝宝把碗中的食物全部吃完，这样会使宝宝厌恶吃饭。也不要因为他们吃饭乖而给予奖励，或是条件交换，让宝宝觉得吃饭是为爸妈在做事。

Memory

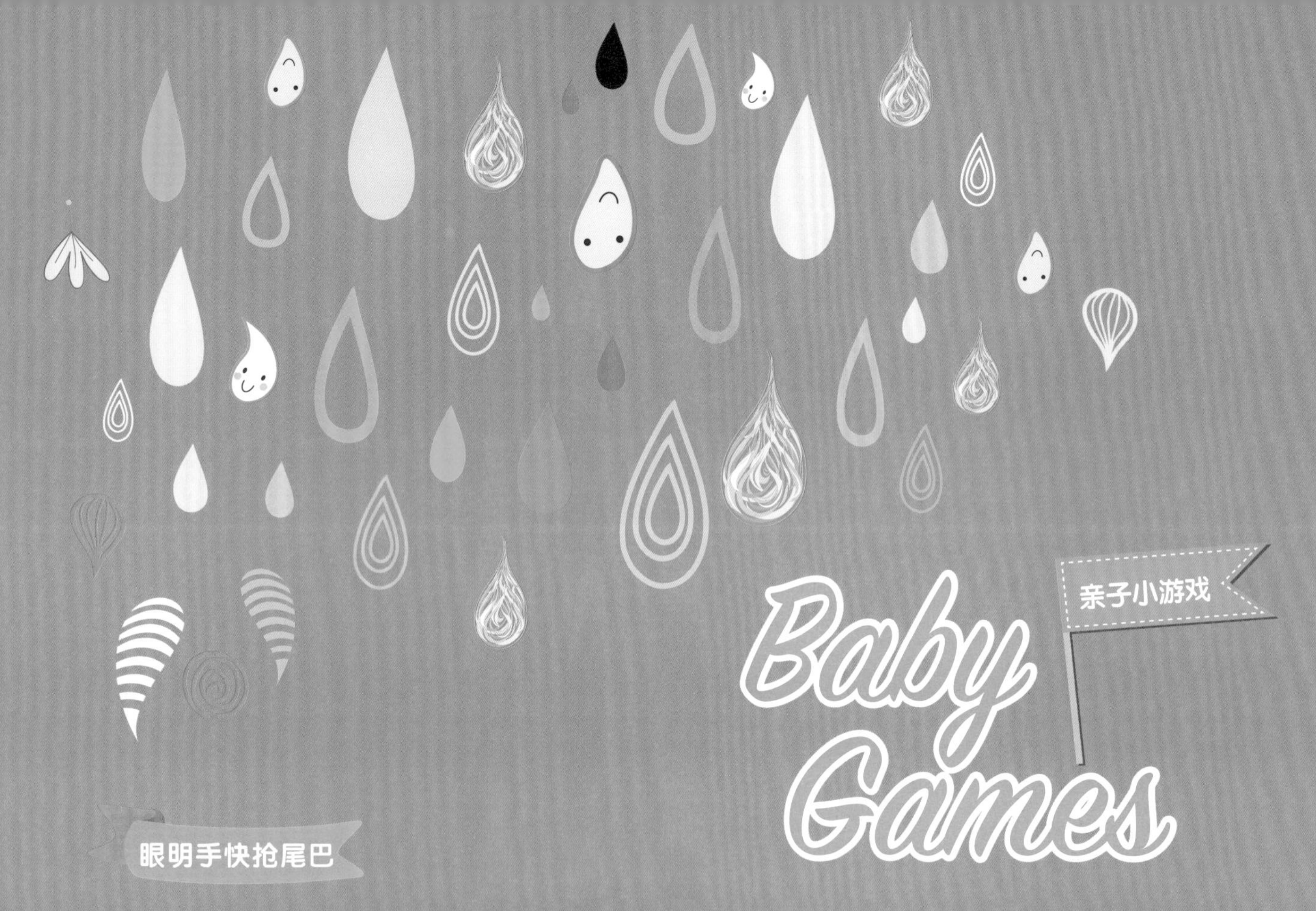

眼明手快抢尾巴

1、挑选 2 条宝宝喜欢的长毛巾；

2、妈妈和宝宝各在腰间挂上一条毛巾；

3、妈妈和宝宝在指定位置上互相追逐并把对方的尾巴抢下来；

4、注意要控制宝宝的运动量，不要过于疲劳。

游戏目的：可以让宝宝学会跑步和平衡身体。

喝水歌

我的小手真能干，
杯杯清水保平安。
你一杯，我一杯，
多喝水身体棒。

Congratulation

我满两周岁啦！！！

PHOTO HERE

_____年____月____日

MyStory

Memory

Memory

My Story

Memory

A Letter For You

写给给宝宝的信

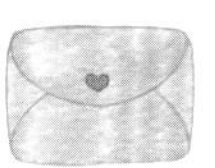

My First Time

我的第一次 ____________________！

Memo

拍摄时间：

父母寄语：

My First Time

我的第一次 ____________________ ！

Memo

拍摄时间：

父母寄语：

My First Time

我的第一次 ________________！

Memo

拍摄时间：

父母寄语：

My
First Time
我的第一次 ____________________！

Memo

拍摄时间：

父母寄语：

My First Time

我的第一次 ____________________ ！

Memo

拍摄时间：

父母寄语：

Baby Diary 索引

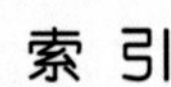

★ 为翻身作准备

★ 什么时候可以开始添加辅食

★ 添加辅食的三大原则

★ 可以添加哪些辅食

★ 宝宝晚上睡觉时可以开小夜灯吗

★ 轻松入睡小技巧

★ 当宝宝坐着的时候，他的样子有点驼背，这样是否不好呢

★ 戒掉夜奶的习惯

★ 宝宝为什么还没长出乳牙

★ 会爬之后的安全隐患

★ 宝宝看到能吃的东西会爬过去用手抓着吃，这样好吗

★ 便秘小秘诀

★ 宝宝开始长牙了，可以使用儿童牙刷吗

★ 黏人的小宝宝

★ 怎样选择合适的学步鞋

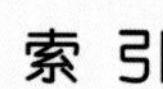

Baby Diary 索引

Gifts For You

礼品纪念单

Gifts For You

礼品纪念单

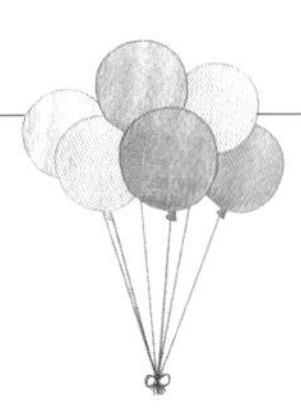

Gifts For You

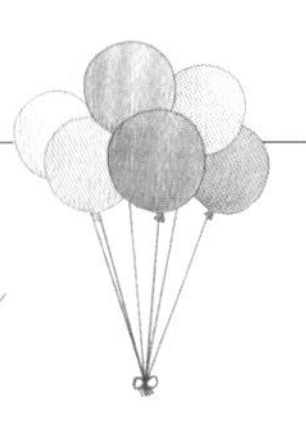

礼品纪念单

图书在版编目（CIP）数据

成长日记 / 合育文化编．—上海：上海科学技术文献出版社，2017
ISBN 978-7-5439-7588-0

Ⅰ．①成…　Ⅱ．①合…　Ⅲ．①婴幼儿—哺育—基本知识　Ⅳ．①TS976.31

中国版本图书馆 CIP 数据核字 (2017) 第 261672 号

责任编辑：王　珺
图文设计：合育文化

成 长 日 记
合育文化　编
出版发行：上海科学技术文献出版社
地　　址：上海市长乐路 746 号
邮政编码：200040
经　　销：全国新华书店
印　　刷：上海新开宝商务印刷有限公司
开　　本：889×1194　1/20
印　　张：10
版　　次：2018 年 3 月第 1 版　2018 年 3 月第 1 次印刷
书　　号：ISBN 978-7-5439-7588-0
定　　价：98.00 元
http://www.sstlp.com